ÉTUDES PALÉONTOLOGIQUES

DÉPARTEMENT DE LA NIÈVRE

PARIS. — IMPRIMERIE DE J. CLAYE

7, RUE SAINT-BENOIT

ÉTUDES PALÉONTOLOGIQUES

SUR LE

DÉPARTEMENT DE LA NIÈVRE

PAR

Théophile EBRAY

MEMBRE DE LA SOCIÉTÉ DES INGÉNIEURS CIVILS,
DE LA SOCIÉTÉ GÉOLOGIQUE DE FRANCE,
DE LA SOCIÉTÉ VAUDOISE D'HISTOIRE NATURELLE

PARIS

J.-B. BAILLIÈRE et FILS | LACROIX et BAUDRY
19, rue Hautefeuille. | 15, quai Malaquais.

NEVERS

CHEZ TOUS LES LIBRAIRES

1858

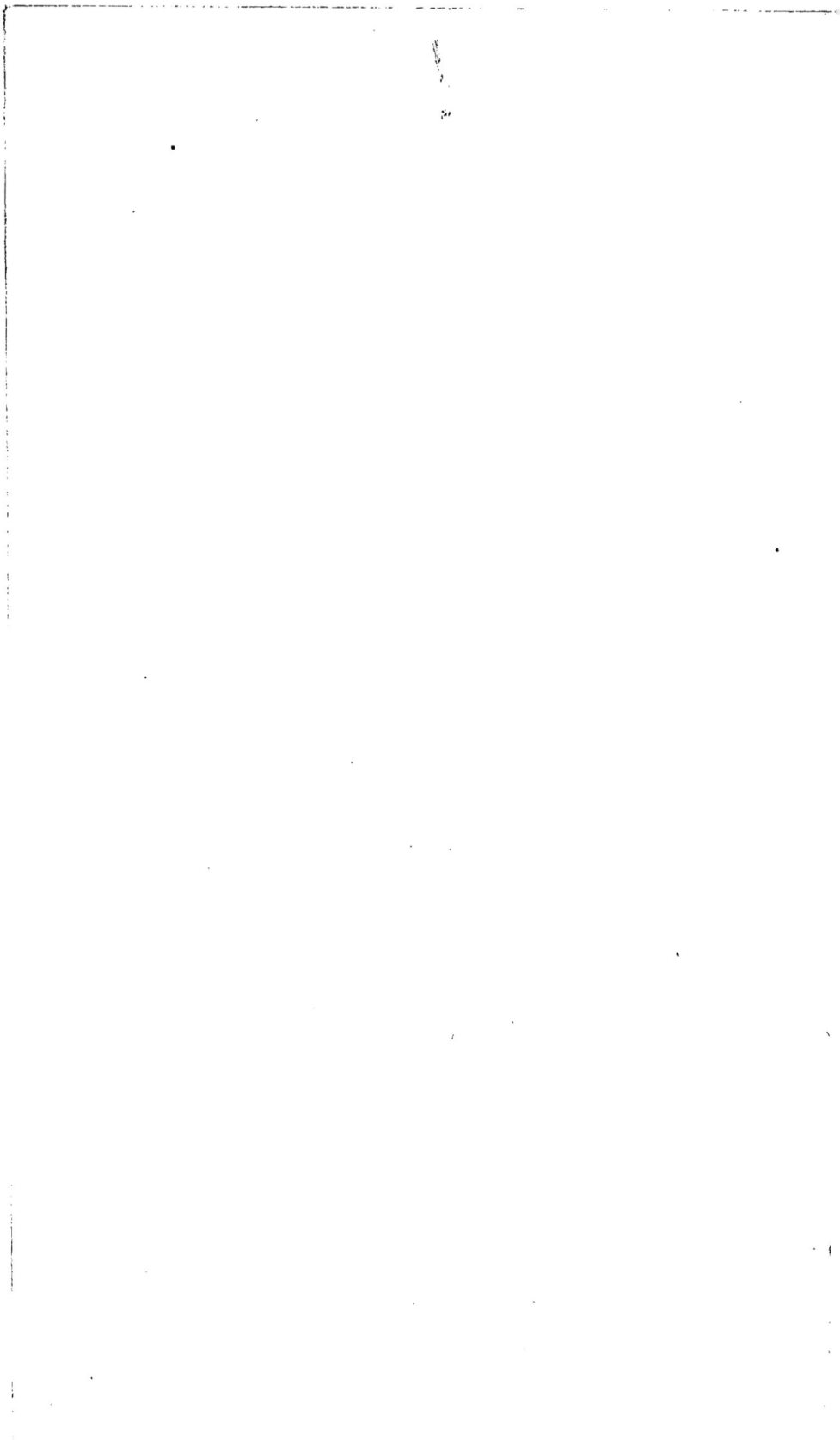

Depuis que la paléontologie est devenue le pivot de la géologie, il importe de préciser davantage les caractères des familles, des genres et des espèces; il importe aussi de constater positivement le gisement des fossiles, leurs lois de répartition et de propagation au sein des couches terrestres.

Ce n'est qu'après avoir étudié les faits sans idées préconçues et avec la volonté de rechercher la vérité que la lumière se fera sur l'histoire de la terre encore incomplétement connue et sur les lois paléontologiques qui nous révèlent le progrès de l'organisation vitale dont nous formons le terme le plus complet.

C'est, pénétré de ce principe, que je me suis déterminé à livrer au jugement des savants et du public une série de recherches que j'ai eu l'occasion de faire sur les fossiles remarquables du département de la Nièvre.

ÉTUDES PALÉONTOLOGIQUES

SUR LE

· DÉPARTEMENT DE LA NIÈVRE

CHAPITRE PREMIER

ÉTUDE DE LA SUPERPOSITION DES COUCHES.

Il est indispensable, avant d'entrer dans l'étude des fossiles du département de la Nièvre, de dire quelques mots sur la succession des étages et de faire connaître les principales couches qui existent dans ce département.

Sur le granite et sur les roches azoïques, qui lui sont généralement supérieures, repose l'étage carboniférien, composé d'une succession de couches de houille et de couches de grès. Le granite occupe une large surface aux environs de Lormes et de Château-Chinon, le gneiss est moins développé, tandis que les roches métamorphiques occupent une étendue considérable aux environs de Villapourçon, de Semelay et de Chides. L'étage carboniférien apparaît comme un îlot au sud du département; il est entouré de roches secondaires qui le recouvrent en stratification très-discordante. Cet étage est fort puissant, puisque l'exploitation des houillères a déjà donné une épaisseur de 500 ou 600 mètres, dans laquelle il n'a été constaté que sept à huit couches de houille.

Au-dessus de cet étage se développe une masse puissante de grès et d'argiles dans laquelle se remarquent l'étage permien, l'étage conchylien et l'étage saliférien.

Les deux premiers étages sont composés de grès, l'étage saliférien ne contient que des argiles, des arkoses et des gypses.

Sur les marnes irisées sont venues se déposer les premières couches des étages jurassiques, qui débutent par une assise remarquable par ses caractères minéralogiques et par son utilité industrielle; les grès infraliasiques fournissent en effet des pavés de très-bonne qualité et forment des couches dont l'épaisseur ne dépasse pas 10 à 12 mètres. Quelquefois les grès reposent directement sur les marnes irisées, souvent aussi leurs parties inférieures se transforment en quartz ou en arkoses [1].

Au-dessus de ces grès se rencontrent des argiles vertes quelquefois peu puissantes, puis des calcaires durs auxquels on a donné le nom de calcaires infraliasiques; ces calcaires sont surmontés par une série de petits bancs assez durs et par le calcaire à gryphées arquées. Il est à remarquer que le dépôt des calcaires infraliasiques varie considérablement d'épaisseur d'une localité à l'autre; j'ai observé qu'il se développe aux dépens du calcaire à gryphées arquées, et que, par conséquent, il est souvent contemporain de ces dernières couches.

L'ensemble de l'infra-lias et du calcaire à gryphées arquées atteint près de 150 mètres de puissance; c'est cet ensemble que nous désignons avec M. d'Orbigny sous le nom d'étage sinémurien.

L'étage sinémurien sert de support à l'étage liasien, qui, dans la Nièvre, se divise aussi en trois assises; inférieurement se rencontrent des marnes avec bancs subordonnés

1. L'arkose type est un granite recomposé par des influences aqueuses et quelquefois thermales; elle passe quelquefois au porphyre granitoïde.

(marnes à ammonites fimbriatus); au milieu, des argiles; supérieurement des calcaires durs, suboolithiques, connus sous le nom de calcaires à gryphées cymbium.

L'ensemble de cet étage ne dépasse pas 80 à 100 mètres d'épaisseur.

Le lias supérieur (étage thoarcien) qui vient ensuite, est argileux à sa base; les parties supérieures de cet étage, qui présentent déjà beaucoup d'affinité avec l'étage bajocien, sont quelquefois calcaires et à oolithes ferrugineuses. L'épaisseur de cet étage peut s'estimer à 70 mètres.

L'étage sinémurien, l'étage liasien et l'étage thoarcien forment l'époque liasique, qui, d'après les épaisseurs partielles citées plus haut, ne dépasse pas 350 mètres de puissance.

Au-dessus de la formation liasique se trouve la formation oolithique, qui se subdivise en trois parties composées de plusieurs étages.

La partie inférieure, appelée oolithe inférieure, comprend deux étages : l'étage bajocien, qui peut se séparer aussi en deux assises : l'assise inférieure ou calcaire à entroques (calcaire des carrières de la Grenouille, près du Guétin), l'assise supérieure ou l'oolithe ferrugineuse; l'étage bathonien qui vient ensuite est très-variable de composition. Immédiatement au-dessus de l'oolithe ferrugineuse se remarquent, dans l'ouest du département, des argiles bléues ou jaunes passant quelquefois à des bancs minces très-durs : c'est la terre à foulon ou fuller's-earth; en se dirigeant vers le nord-ouest, ces bancs changent d'aspect minéralogique, ils deviennent plus ou moins épais et finissent, comme à Tannay et à Brinon, par donner des pierres de construction : c'est alors le calcaire blanc-jaunâtre de M. de Bonnard; la terre à foulon forme le premier terme de la grande oolithe ou étage bathonien.

Au-dessus de la terre à foulon se remarquent quelques

bancs très-durs, qui, dans certaines localités, ont beaucoup
d'analogie avec le calcaire à entroques; ces bancs sont souvent percés de trous, et leur partie supérieure paraît avoir
été usée par les flots.

Ces bancs sont surmontés par des argiles, puis viennent
de nouvelles assises oolithiques au-dessus desquelles se remarquent de nouvelles argiles.

L'étage bathonien se termine par un système de bancs
très-durs dans l'ouest, oolithique dans l'est, et qui paraît
correspondre au cornbrash des Anglais.

La partie moyenne de la formation oolithique (oolithe
moyenne) se divise en trois étages [1].

L'étage inférieur, étage callovien ou oxfordien inférieur,
débute par des argiles à oolithes ferrugineuses au-dessus
desquelles se trouvent les bancs calcaires des carrières de
Nevers. Le calcaire à chailles termine l'étage.

L'étage moyen ou étage oxfordien est aussi ferrugineux à
sa base; les calcaires dominent à la partie supérieure et sont
souvent accompagnés de silex.

L'étage supérieur, étage corallien, est très-variable de
composition; il se compose, en général, d'une alternance
d'argiles, de calcaire oolithique, de calcaire lithographique
et de calcaire crayeux. Les argiles, au milieu desquelles se
développent les oolithes, occupent la base; puis vient une
nouvelle masse oolithique surmontée du calcaire marneux
et lithographique; enfin se développe le calcaire corallien
crayeux, au-dessus duquel se remarque le calcaire à astartes,
classé par les uns dans l'étage corallien, et compris par les
autres dans l'oolithe supérieure.

Le dernier groupe de la formation oolithique comprend
deux étages : inférieurement, l'étage kimmeridien; supérieurement, l'étage portlandien. Ces deux étages, dont les

---

1. On trouvera dans l'*Étude géologique du département de la Nièvre* les
motifs de cette division en trois étages.

limites sont assez difficiles à tracer, comprennent inféricu-
rement des calcaires lithographiques, oolithiques et rocailleux, au milieu des marnes et argiles, supérieurement, des
calcaires lithographiques.

La puissance totale de la formation oolithique s'évalue
de la manière suivante :

Bajocien.	30,00
Bathonien	250,00
Callovien	70,00
Oxfordien	80,00
Corallien.	200,00
Kimmeridien.	80,00
Portlandien	25,00
Épaisseur totale de la formation oolithique. .	735,00

L'épaisseur des terrains jurassiques, comprenant le lias
et les étages oolithiques, atteindrait donc dans la Nièvre au
moins 1,100 mètres de puissance ; je dis au moins, parce que
la géologie n'est pas encore fixée sur l'épaisseur maxima
que peuvent présenter certaines couches d'argile.

Nous arrivons aux terrains crétacés qui débutent par le
néocomien, étage réduit dans la Nièvre à une épaisseur très-
mince ; il en est de même de l'étage aptien, qui lui est supérieur, et dont je n'ai pu constater que des traces insigni-
fiantes.

Au-dessus de l'étage néocomien se remarquent des argiles
noires contenant des paillettes de mica et des grès ; puis s'observent des sables rouges et des graviers fossilifères. Cet
ensemble représente l'étage albien.

La craie tuffeau, reposant sur des argiles à grains verts,
vient ensuite former l'étage cénomanien.

Les terrains crétacés se terminent par des marnes crayeuses

et des silex auxquels M. d'Orbigny a donné le nom d'étage sénonien.

Les terrains tertiaires sont peu développés dans la Nièvre; ils ne sont représentés que par le calcaire d'eau douce.

Les derniers bouleversements géologiques ont produit de grands courants qui ont raviné et déplacé les terrains superficiels; nous adoptons pour ces terrains de transport le nom de diluvium.

Pour la commodité de nos études, nous tracerons les coupes suivantes :

A

I

TERRAINS AZOÏQUES

B

Étage carbonifèrien.

II

Couches alternatives de grès et de houille.

C

Étage permien et étage conchylien.

III

Grès.

D

Étage saliférien.

IV

Marnes, gypses et arkoses.

E

Étage sinémurien.

V

Grès infraliasiques et arkoses.

VI

Argiles infraliasiques et arkoses.

VII

Calcaire infraliasique.

VIII

Calcaire à gryphées arquées.

F

Étage liasien.

IX

Argiles et bancs subordonnés.

X

Argiles.

XI

Calcaires durs.

G

Étage thoarcien.

XII

Argiles et bancs subordonnés.

XIII

Calcaire argileux à oolithes ferrugineuses.

H

Étage bajocien.

XIV

Calcaires durs.

XV

Calcaires à oolithes ferrugineuses.

I

Étage bathonien.

XVI

Terre à foulon, calcaires marneux.

XVII

Calcaires durs.

XVIII

Oolithes ferrugineuses.

XIX

Marnes.

XX

Bancs oolithiques.

XXI

Marnes.

XXII

Bancs oolithiques et durs.

K

Étage callovien.

XXIII

Argiles à oolithes ferrugineuses.

XXIV

Bancs calcaires ou argilo-
calcaires.

XXV

Bancs siliceux.

L

Étage oxfordien.

XXVI

Calcaires à oolithes ferrugineuses.

XXVII

Calcaires compactes, argileux
ou oolithiques.

M

Étage corallien.

XXVIII

Calcaires argileux.

XXIX

Calcaires oolithiques.

XXX

Calcaires argileux.

XXXI

Calcaires oolithiques.

XXXII

Calcaires lithographiques.

XXXIII

Calcaires crayeux.

N

Étage kimmeridien.

XXXIV

Calcaires lithographiques.

XXXV

Calcaires oolithiques.

XXXVI

Argiles avec bancs rocailleux
subordonnés.

XXXVII

Marnes, argiles, lumachelles.

O
Étage portlandien.

XXXVIII
Calcaires lithographiques.

P
Étage néocomien.

XXXIX
Calcaire à oolithes ferrugineuses.

Q
Étage aptien.

XL
Traces.

R
Étage albien.

XLI
Argiles micacées et grès.

XLII
Sables ferrugineux.

XLIII
Graviers fossilifères.

S
Étage cénomanien.

XLIV
Argiles vertes à grains
ferrugineux.

XLV
Craie tuffeau.

T
Étage sénonien.

XLVI
Marnes.

XLVII
Silex.

U
Étage tungrien.

XLVIII
Calcaire siliceux.

V

XLIX
Diluvium.

CHAPITRE II

THÉORIE DE LA TRANSFORMATION DE LA FAMILLE
DES COLLYRITIDÆ (D'ORB. [1]).

I

Confusion qui règne dans la nomenclature.

Lorsque l'on parcourt les traités de paléontologie, on ne tarde pas à reconnaître le désordre qui règne dans la nomenclature et dans le gisement des espèces.

La cause de ce désordre est multiple, mais ce qui surtout contribue à embrouiller la nomenclature, c'est de croire que les espèces fossiles sont toujours parfaitement distinctes les unes des autres. On cherche souvent des limites bien tranchées; quelquefois on en trouve lorsque les formes intermédiaires ne sont pas connues, d'autres fois on n'en trouve pas lorsque l'on compare une multitude d'individus.

Je m'attacherai à prouver dans une partie de ces études que les êtres ne se sont pas renouvelés d'une manière brus-

---

1. Cette théorie fait partie d'un travail général que je publierai successivement et qui passera en revue toutes les familles qui se rencontrent à l'état fossile. Il serait sans doute préférable de commencer par les êtres les plus imparfaits, par les spongiaires, par exemple, afin de pouvoir suivre les grandes lois progressives; mais l'étude comparative de ces êtres inférieurs est loin d'être complète, et avant de traiter l'ensemble de ces grandes lois, il faut rechercher les lois générales qui régissent les familles sur lesquelles nous possédons les renseignements les plus complets.

que au sein des couches terrestres, qu'ils ont été soumis à des variations tantôt lentes et presque insensibles, tantôt saccadées et très-apparentes.

Je verrai si la science ne gagnerait pas en vérité et en clarté en introduisant, dans un système de classification, les lois de modification suivant lesquelles les êtres se renouvellent en raison des changements constants, brusques ou graduels qui s'opèrent à la surface et dans l'intérieur du globe.

J'examinerai s'il n'est pas possible de réduire cette multitude d'espèces, admises par les uns, repoussées par les autres, à un chiffre plus stable et surtout moins équivoque, tout en conservant le moyen de laisser subsister les formes d'importance secondaire et, comme nous le verrons, fort utiles en pratique.

Je m'occuperai d'abord des échinides, de cette série d'êtres si intéressants et si variés sur lesquels on a déjà publié de grands travaux et qui forment aujourd'hui le sujet de publications importantes [1].

II

Description sommaire du test des oursins.

La coquille des oursins se compose d'une série de plaques polygonales qui ont reçu les dénominations suivantes :

Les *plaques génitales*, au nombre de quatre ou de cinq, occupent le centre du sommet; elles sont percées d'un pore qui est le pore génital, parce qu'il sert d'orifice aux organes de la reproduction.

La *plaque génitale antérieure droite* est plus grande que les autres, et porte en arrière une partie tuberculeuse nommée *protubérance madréporiforme;* les plaques *ocellaires,*

---

1. Desor, *Synopsis des échinides fossiles;* Cotteau, *Échinides du département de l'Yonne et de la Sarthe;* d'Orbigny, *Paléontologie française,* etc.

toujours au nombre de cinq, sont les plaques vers lesquelles viennent se terminer les *pores ambulacraires*, ou pores respiratoires, dont la réunion forme les zones porifères.

Les deux zones porifères et la double série des plaques ambulacraires forment un ambulacre.

Les *plaques ambulacraires* sont disposées en dix zones verticales, et c'est dans ces plaques que s'ouvrent les pores ambulacraires.

Les *plaques inter-ambulacraires* partent des pièces génitales et se dirigent vers la bouche. Les plaques inter-ambulacraires sont toujours plus grandes que les plaques ambulacraires.

La coquille des oursins est garnie d'un grand nombre de baguettes rarement adhérentes aux oursins fossiles, et qui viennent s'emboîter sur des éminences qui entourent les tubercules.

La coquille des oursins est percée de deux grandes ouvertures : l'une, la bouche, est inférieure, centrale ou marginale, très-variable de forme; l'autre, l'anus, généralement opposée à la bouche, est tantôt ronde, transverse, polygonale, tantôt à fleur de test ou logée dans un profond sillon.

Pl. Iʳᵉ. Fig. 1 *a*. . . . . . la bouche.
  —   —   *b*. . . . . . l'anus.
  —   —   *c*. . . . . . appareil apical.
  —   —   *d*. . . . . . plaques ambulacraires.
  —   —   *e*. . . . . . plaques inter-ambulacraires.
  —   —   *f*. . . . . . pores ambulacraires.
  —   —   *g*. . . . . . tubercules.
  —   —   *h*. . . . . . granules.
  — Fig. 2. (Détail de l'appareil apical.)
  —   —   *a, b, c, d, e*. . . plaques ocellaires.
  —   —   *f, g, h, i*. . . . plaques génitales.

2

Pl. Ire. Fig. 2 k. . . . . plaque madréporiforme.

— — a', b', c', d', e'. pores ocellaires.

— — f', g', h', i'. . . pores génitaux.

III

Premières définitions et évaluation des rapports.

J'appellerai : (a) la longueur d'un oursin ou l'axe passant par la bouche et l'anus, la plaque madréporique étant en avant de l'observateur,

(b) la largeur antérieure,

(c) la largeur postérieure,

(Le rapport qui existe entre ces deux quantités donne la conicité du fossile.)

(m) la distance d'un sommet ambulacraire à l'autre.

(Cette distance n'existe que chez certains genres.)

J'appelle cette distance, distance inter-ambulacraire,

(n) la distance du sommet ambulacraire postérieur à la limite supérieure de l'ouverture anale,

(Distance ano-apiciale.)

(o) la distance du bord de l'ouverture buccale au bord marginal,

(Distance bucco-marginale antérieure ou postérieure.)

(h) la hauteur maxima du fossile,

$$\alpha \text{ le rapport } \frac{a}{m}$$

$$\beta \quad - \quad \frac{m}{n}$$

$$\gamma \quad - \quad \frac{a}{o}$$

$$\delta \quad - \quad \frac{}{b}$$

$$\varepsilon \quad - \quad \frac{}{c}$$

$$\tau \quad - \quad \frac{a}{h}$$

et je construirai le tableau suivant :

N° DE L'INDIVIDU	DÉSIGNATION de la LOCALITÉ	ÉTAGE.	COUCHE.	LONGr DU FOSSILE en millimètres.	α	β	γ	δ	ε	η	OBSERVATIONS.
1	Varzy . . .	bajocien.	XV	22	2.10	300	2.40	1.10	1.60	2.20	Formes anguleuses; le rapport β, toujours très-élevé, varie dans des limites assez étendues. Ambulacres postérieurs arqués.
2	id.	id.	id.	20	2.05	350	2.45	1.05	1.45	2.15	
3	id.	id.	id.	20	2.15	320	2.42	1.15	1.40	2.20	
3	La Malle. .	bathonien.	XIX	34	2.00	150	3.00	1.11	1.90	1.80	
4	id.	id.	»	25	2.07	200	3.78	1.13	1.85	2.00	
5	id.	id.	»	30	1.90	230	3.60	1.18	1.90	1.80	
6	id.	id.	»	29	1.95	200	3.50	1.15	1.77	1.90	
7	id.	id.	»	21	1.80	240	3.10	1.30	1.95	2.00	
8	id.	id.	»	23	2.00	235	3.80	1.15	2.00	2.00	
9	id.	id.	»	20	1.95	210	3.60	1.16	1.95	1.90	
10	id.	id.	»	22	1.95	260	3.50	1.17	1.85	1.80	Formes moins anguleuses; chez quelques individus, arrondies; plaque complémentaire centro-anale rarement visible; ambulacres postérieurs légèrement arqués; pores petits, obliques.
11	id.	id.	»	25	2.00	280	3.70	1.20	1.90	1.70	
12	id.	id.	»	24	2.08	200	3.40	1.15	1.80	1.90	
13	id.	id.	»	32	2.20	215	3.80	1.10	1.80	2.00	
14	id.	id.	»	30	1.90	200	3.90	1.15	1.80	2.10	
15	id.	id.	»	26	1.85	260	4.00	1.17	1.95	1.70	
16	id.	id.	»	27	1.90	260	3.60	1.12	1.90	1.90	
17	id.	id.	»	29	2.00	280	3.70	1.11	1.90	1.95	
18	id.	id.	XIX	23	2.10	190	3.80	1.18	1.80	1.70	
19	id.	id.	id.	22	2.05	170	3.85	1.10	1.95	2.00	
20	id.	id.	id.	21	2.00	160	3.30	1.12	1.90	2.10	
21	id.	id.	id.	21	1.90	200	3.90	1.15	1.90	1.90	
22	Poiseux. . .	»	id.	25	2.00	200	3.80	1.15	1.95	2.00	
23	»	»	»	22	2.10	180	3.60	1.10	1.90	2.00	
24	»	»	»	28	2.00	200	3.70	1.15	1.95	1.90	
25	Montapins.	bathonien.	XXII	41	2.20	5.00	3.90	1.10	1.80	1.90	Ambulacres très-légèrement arqués, formes très-légèrement anguleuses.
26	id.	»	»	35	2.30	4.60	3.80	1.10	1.85	2.00	
27	id.	»	»	38	2.20	5.00	3.90	1.10	1.70	1.95	
28	Villarnaud.	bathonien.	XXII	35	2.30	4.00	3.30	1.10	1.80	2.00	Ambulac. très-légèrement arqués, contours très-légèrement anguleux.
29	id.	id.	id.	33	2.20	5.00	3.40	1.10	1.75	2.00	
30	id.	id.	id.	40	2.10	3.50	3.50	1.10	1.75	2.00	
31	Nevers. . .	callovien infr	XXIII	40	2.40	2.40	3.60	1.19	1.80	1.68	Ambulac. très-légèrement arqués, contours ronds, forme ovale, sillon ambulacraire faible.
32	id.	id.	id.	35	2.45	3.00	3.50	1.10	1.90	1.70	
33	id.	id.	id.	34	2.40	2.60	3.40	1.10	1.90	1.75	
34	id.	id.	id.	33	2.30	2.80	3.55	1.10	1.95	1.80	
35	id.	id.	id.	40	2.40	2.60	3.60	1.10	1.90	1.85	
36	id.	callovien supr	XXV	36	3.60	1.20	3 30	1.10	1.70	2.40	Ambul. postérieurs droits; généralement, écrasés; contours arrondis.
37	id.	id.	id.	29	3.20	1.30	3.20	1.20	1.65	1.40	
38	id.	id.	id.	40	3.40	1.15	3.00	1.10	1.70	2.40	
39	id.	id.	id.	39	3.50	1.25	?	1 15	1.85	2.10	
40	Imphy. . .	id.	id.	58	3.00	1.30	3.00	1.10	1.40	1.80	Individus sans lest, souvent écrasés.
41	id.	id.	id.	51	4.00	1.35	3.20	1.15	1 45	2.00	
42	id.	id.	id.	45	3.55	1.20	3.10	1.20	1.60	1 80	
43	id.	id.	id.	35	3.35	1.40	3.35	1.25	1.40	1 90	
44	Chaulgnes.	id.	id.	60	3.00	1.30	3.00	1.40	1.20	1.50	Ambulacres postér. très-peu courbés.
45	Fronsonges	id.	id.	60	2.50	1.60	3.00	1.40	1 00	1.40	
46	id.	id.	id.	55	2.60	1.40	3.10	1.45	1.10	1.50	
47	id.	id.	id.	60	2.53	1.50	3.00	1.40	1.10	1.55	
48	Entrains. .	oxfordien.	XXVII	45	3.00	1.40	?	1.00	1.60	1.80	Ambulacres postér. convergents vers le sommet ambulacraire antér.; sillon ambulac. buccal prononcé.
49	id.	id.	id.	33	3.00	1.35	4.50	1.20	1.90	1.50	
50	id.	id.	id.	35	3.00	1.35	4.00	1.10	1.90	1.50	
51	id.	id.	id.	60	3.00	1.45	5.00	1.10	1.80	2.00	Individus déprimés; l'espèce est rare.
52	id.	id.	id.	60	3.10	1.40	4.60	1.10	1.85	1.95	
53	id.	id.	id.	50	?	?	?	?	?	1.40	Les ambulacres postérieurs convergent fortement vers le sommet antérieur.

IV

Étude des rapports. — Naissance de l'espèce primordiale.

Les numéros 1 et 2 proviennent des couches à oolithes ferrugineuses de Warzy et constituent le collyrites ringens (Desm.). C'est le premier représentant du genre collyrites, qui diffère entièrement des genres qui le précèdent dans la série géologique. Les caractères différentiels les plus sensibles qui ne se lient en aucune façon avec les caractères des échinides antérieurs sont la disjonction ambulacraire et l'allongement de l'appareil apical ; en effet, les cinq ambulacres, au lieu de venir se joindre en un seul point, se disjoignent ; trois d'entre eux se réunissent du côté buccal et forment le sommet ambulacraire antérieur, composé des plaques génitales, de la plaque complémentaire et de trois plaques ocellaires ; les deux autres ambulacres se réunissent du côté de l'anus, et forment le sommet ambulacraire postérieur, composé seulement de deux plaques ocellaires.

Le collyrites *ringens* est donc une nouvelle création, un essai tenté par la nature ; il s'écarte, comme nous le voyons, de la forme parfaite des rayonnés, mais bientôt il cherche à s'en rapprocher et disparaît enfin, dans les étages crétacés inférieurs, au milieu d'inutiles efforts tendant à le rapprocher de la forme dont il s'est séparé.

Les caractères spécifiques du collyrites ringens sont : la réunion des ambulacres postérieurs à une très-petite distance de l'anus, la forme fortement arquée de ces ambulacres, la dépression générale du fossile et ses contours anguleux.

1re dérivée.

En remontant la série des terrains, nous trouvons dans les parties inférieures de la grande oolithe, immédiatement au-dessus des bancs durs qui couronnent la terre à foulon, à La Malle, à Poizeux, à Champlemy et dans beaucoup d'autres localités du département, des collyrites nombreux parmi lesquels ont été recueillis les numéros 3 à 24.

Ils se rapprochent par beaucoup de caractères du collyrites ringens (Desm.); les contours, quoique plus arrondis, sont encore anguleux, surtout chez certains individus; les ambulacres postérieurs se réunissent très-près de l'anus; ces derniers sont moins arqués que ceux du collyrites ringens, et le rapport β diminue sensiblement. [1]

Cette espèce est très-variable de forme; certains individus se rapprochent du collyrides ringens (Desm.), d'autres, au contraire, s'en éloignent par leurs contours arrondis et par leur forme plus conique.

Cette espèce étant liée à la première par une loi modificatrice, que nous formulerons ci-après, doit être considérée comme une espèce dérivée.

Elle est d'autant plus à conserver qu'elle caractérise un horizon géologique constant.

Voici sa synonymie [2] :

Spatangites ovalis (Les.), 1778,
Dysaster analis (Agas.), 1836,
Collyrites analis (Desmoulins), 1837,
Dysaster avellana (Agas.), 1840,
Dysaster bicordatus (Agas.), 1847,
Dysaster symetricus (M'C.), 1848,
Dysaster Robinaldinus (Cot.), 1849,
Dysaster Agassizii (d'Orb.), 1850,
Collyrites bicordata (Desm.), 1853,

---

1. La diminution du rapport est assez difficile à constater dans cette espèce, car les bords supérieurs de l'anus sont rarement bien conservés. Comme la réunion des ambulacres se fait dans ces deux espèces (ringens et ovalis) très-près de l'anus, une fraction de millimètre entache déjà la vérité.

2. Cotteau, *Échinides du département de la Sarthe.*

Collyrites avellana (d'Orb.), 1853,
Collyrites Agassizii (d'Orb.), 1853,
Collyrites ovalis (Cot.), 1857.

2e dérivée.

Si nous passons des couches inférieures de la grande oolithe aux couches supérieures, nous serons témoins de nouvelles modifications; en effet, les individus numéros 25 à 30, rencontrés dans les couches xxi et xxii, aux Montapins, à Villarnaud, à Pougues, etc., présentent les caractères suivants :

La forme générale s'éloigne davantage de celle de la forme primitive, les contours s'arrondissent, les ambulacres postérieurs sont moins arqués et se réunissent à une distance de l'anus qui fait descendre le rapport β à 4.50 en moyenne.

J'appelle cette modification collyrites montapina (Ebr.).

3e dérivée.

Nous avons vu la réunion des ambulacres s'éloigner de plus en plus de l'anus, les formes s'arrondir, l'individu se renfler; cette tendance se maintient en remontant l'échelle géologique, car si nous observons les formes qui se présentent dans les couches inférieures du kelloway-rock, nous verrons le rapport β descendre au chiffre 3.00 ou 2.50; la forme générale du fossile s'arrondit et s'élève; nous remarquons déjà le sillon de l'ambulacre impair. Les ambulacres postérieurs ne présentent plus cette courbure que nous avons rencontrée chez le collyrites ringens, mais que nous avons vue disparaître peu à peu jusqu'à la dérivée qui nous occupe et chez laquelle cette courbure existe encore à l'état rudimentaire.

Cette dérivée se rapproche déjà beaucoup du collyrites elliptica, dont elle diffère cependant très-sensiblement,

surtout en prenant les individus extrêmes, par la réunion
des ambulacres postérieurs qui se fait beaucoup plus près de
l'anus et par la légère courbure de ces mêmes ambulacres.
J'appelle cette modification, collyrites Nivernensis (Ebr.).

4ᵉ dérivée.

Cette tendance des pores respiratoires à se rapprocher
constamment du sommet apical, ce redressement des ambulacres postérieurs et cette aspiration vers la forme des
spatanges sont très-significatifs ; ne voit-on pas dans ce fait
une marche progressive?

Les formes d'échinides symétriques et réguliers, chez lesquels les ambulacres se réunissent au sommet, ont pris naissance dans les terrains les plus anciens ; ces formes ne se
sont pas sensiblement modifiées, car elles sont voisines de la
forme parfaite et le plus en harmonie avec l'organisation du
radiaire : c'est pour cela que nous sommes souvent embarras-
sés sur la détermination de certains *stromechinus*, souvent
géologiquement assez éloignés les uns des autres[1].

Ces mêmes genres réguliers se propagent presque sans
modifications importantes jusqu'à l'époque actuelle, tandis
que le genre collyrites, après avoir fait de vains efforts pour
se rapprocher par plusieurs moyens de la forme parfaite des
échinides, disparaît peu à peu pour s'éteindre sans retour.

La quatrième dérivée, connue sous le nom de collyrites
elliptica (Des Moulins), nous offre des individus (n° 36 à
n° 47) chez lesquels le rapport β descend à 1.20; c'est le mi-
nimum de ce rapport.

Quoique le collyrites elliptica soit très-abondant, il est
difficile de trouver des individus de cette espèce parfaitement

1. Stromechinus pertatus (Desmarest) ; Stromechinus lineatus (Gold.) ;
Stromechinus bigranularis (Lam.) ; Stromechinus polyporus ; Stromechinus
Comonti (Desor).

conservés; ils sont généralement tous écrasés; cependant la variété connue sous le nom de collyrites mala ou dysaster malum donne pour μ le chiffre de 1.55.

Naissance d'une espèce primitive.

Pendant que l'espèce ringens se poursuit en se modifiant, suivant des lois qui se manifestent si clairement, la nature toujours active essaie de nouvelles formes. L'espèce primitive du genre *dysaster*, se liant intimement à la marche générale modificatrice, vient former un type nouveau qui doit être considéré comme une création nouvelle, car il n'existe dans la composition de l'appareil apicial aucun passage avec une dérivée quelconque de l'espèce primordiale *ringens*. La nature fait ici un pas brusque pour rapprocher les individus de la forme parfaite des rayonnés, au lieu de rapprocher les ambulacres postérieurs des ambulacres antérieurs en maintenant un appareil apicial allongé, loi qui conduit aux ananchytes, holaster, etc.; elle ramasse l'appareil apicial qui devient compacte; cette tendance, jointe au rapprochement ambulacraire, conduit aux échinides plus réguliers.

Je me borne ici à constater, au niveau géologique du callovien, une espèce primitive; nous verrons plus tard quelle est la destinée de cette nouvelle création.

5e dérivée de l'espèce primordiale ringens.

En remontant l'échelle géologique, nous trouvons dans les parties supérieures de l'oxfordien une nouvelle modification qui porte le nom de collyrites Desoriana (Cot.).

Ce collyrites ne fait pas descendre le rapport β au-dessous de la 4e dérivée, le chiffre de 1.40 paraît être le maximum de l'effort de la tendance modificatrice; l'organisation de l'animal, à cette époque, s'opposait probablement à un rapprochement plus grand des deux sommets.

Le rapport ε est incertain chez cette espèce, qui présente, à cause de l'extrême ténuité du test, de nombreux cas de compression.

Les contours de ces échinides commencent à devenir très-cordiformes.

M. Cotteau rapproche cet oursin du *collyrites elliptica*. D'après cet auteur, ce dernier fossile a la face supérieure moins déprimée et est en outre moins rétréci en arrière et moins échancré en avant, ses aires ambulacraires sont relativement moins étroites. Mais aussi, d'après ce même auteur, le collyrites Desoriana ne se rencontre qu'à l'état de moule, souvent écrasé et déformé; cette circonstance vient infirmer plusieurs caractères spécifiques cités plus haut. Les contours très-cordiformes de ce fossile forment, à notre avis, le seul caractère positivement distinctif.

6e dérivée.

Dans les mêmes couches (xvii) s'observe une 6e dérivée, qui pourrait bien représenter le jeune âge du collyrites Desoriana, je veux parler du collyrites ovalis [1] (Agas.) En effet, ce fossile a les mêmes contours cordiformes, la réunion des ambulacres s'effectue à la même distance de l'anus; la face supérieure est plus bombée, mais cette circonstance tient au faible diamètre qui s'est probablement opposé à la déformation. Cependant, en consultant les figures de l'ouvrage de M. Cotteau sur les échinides du département de l'Yonne, on remarque que les ambulacres postérieurs sont arqués en dedans du fossile, comme chez le collyrites Michelini. Si cette

---

1. Ce nom fait double emploi avec le collyrites ovalis de l'étage bathonien (Leske, 1778), et auquel il est nécessaire de substituer le nom de *analis*.

circonstance existe réellement, et je dois dire que je ne l'ai
pas observée chez les individus du département de la Nièvre,
il faut nécessairement séparer cette espèce, quoiqu'elle se
rencontre dans les mêmes couches que le collyrites Desoriana.

Naissance d'une espèce primitive.

Nous avons vu les ambulacres s'écarter de l'anus dans une
progression d'abord rapide, puis très-lente : la nature ne
pouvant pas franchir certaines limites qui sont probablement,
comme je l'ai déjà dit, en rapport avec l'organisation de
l'animal, fait de nouveaux efforts, mais dirigés dans un sens
nouveau. Déjà nous avons vu l'appareil apicial devenir compacte, les ambulacres se redresser; ici nous les voyons se
diriger en dedans du fossile, comme tendant à se rejoindre
au sommet ambulacraire antérieur.

La forme s'élève encore et le sillon ambulacraire se
maintient.

Les individus de cette espèce ne présentent pas de passages avec les formes précédentes; ils doivent donc être
considérés comme nouvelle création, qui porte le nom de
collyrites Michelini.

Ce type représente une coupe générique dans quelques
ouvrages; mais comme il est soumis à la loi modificatrice des
collyrites, il faut le conserver dans ce genre, à moins toute-
fois que la connaissance plus intime de l'appareil apicial ne
vienne pas en faire un dysaster.

Nous verrons plus loin quel est l'avenir de cette nouvelle
création.

7e dérivée.

Les derniers représentants du genre collyrites se rencontrent dans l'étage néocomien.

Les ambulacres remontent, à l'exception de ceux du collyrites oblonga, fort haut vers le sommet antérieur.

Le collyrites oblonga est un fossile fort rare, le rapport
β est égal à 1.70.

8ᵉ dérivée.

Le collyrites ooulum, qui, comme le précédent, ne se rencontre pas dans le département de la Nièvre, fait descendre
le rapport β à 0.70, ou, en d'autres termes, la distance inter-
ambulacraire devient plus petite que la distance ano-apiciale.
La forme de ce fossile est très-élevée, le rapport ε se rapproche de 1.35, le sillon ambulacraire impair est très-pro-
noncé.

9ᵉ dérivée.

Le dernier représentant du genre collyrites paraît être le
collyrites hemispherica (Gras); chez ces individus les ambulacres remontent tellement haut que M. d'Orbigny en a fait
des ananchytes.

Ce fossile est spécial au néocomien et ne se rencontre pas
dans la Nièvre.

$$\beta < 0.30$$

Je suis loin de prétendre que la forme primordiale ringens
n'ait que huit dérivées. S'il est nécessaire d'être très-circon-
spect dans la création des espèces primitives, on peut être
large dans la création des espèces dérivées, on tiendra compte
de l'utilité géologique; on pourra même avoir égard aux modifications géographiques dont il est utile de conserver des
traces dans la nomenclature. La paléontologie, en se com-
pliquant d'éléments nouveaux, mais secondaires, s'étendra
en théorie et en pratique, tout en devenant plus claire, puis-
qu'elle se rapprochera des procédés de la nature.

Genre dysaster.

Si nous revenons au genre dysaster, nous verrons que les modifications auxquelles il a été soumis sont tellement faibles qu'il est à peine possible de considérer les individus qui se rencontrent dans les divers étages géologiques comme des dérivées; les paléontologistes, malgré les grands efforts tentés pour créer des espèces nouvelles, sont arrivés aux résultats suivants sur les dysaster :

1° *Dysaster moechii* (*Desor*).

« Cette espèce, tout récemment établie par M. Desor, est très-voisine du *dysaster granulosus*. Un seul exemplaire de ce nouveau fossile a été trouvé dans la Sarthe, et ce n'est pas sans quelque hésitation que nous le séparons du *dysaster granulosus* [1]. »

2° *Dysaster granulosus* (*Des Moulins*).

« Dans une note sur les échinides des fossiles de l'étage kimméridien, nous considérions le *collyrites anasteroïdes* (Ley) comme identique au *collyrites granulosa*. Ces deux espèces présentent effectivement dans leur forme et la disposition de leurs ambulacres une ressemblance très-étroite [1], etc. »

3° *Dysaster anasteroïdes* (*Ley*).

« Ce fossile est très-voisin du dysaster granulosus, auquel nous avions cru devoir le réunir. Il s'en distingue cependant par sa forme plus allongée [1], etc. »

4° *Dysaster subelongatus*.

D'après M. Cotteau [1], le *dysaster anasteroïdes* (Ley) se

---

1. *Échinides fossiles du département de l'Yonne*, par M. Cotteau.

rapproche encore plus du *dysaster subelongatus* que du *dysaster granulosus;* que fera-t-on alors pour ces deux premières espèces?

Pour le moment, je vois dans l'ensemble des dysaster deux caractères qui varient de quantités très-petites; la position et la profondeur du sillon antérieur, qui paraît devenir plus sensible à mesure que l'on remonte dans l'échelle géologique, et l'allongement du fossile, qui paraît aussi augmenter en passant des terrains anciens aux terrains plus récents.

Ces tendances paraissent se lier par des passages insensibles, et comme, pour fixer les espèces dérivées, il faut comparer un grand nombre d'individus, nous considérons provisoirement le genre dysaster, dont les espèces sont assez rares, comme nécessitant encore des études plus approfondies.

Espèce primitive. — Collyrites Miche, ni.

1° *Collyrites Michelini (d'Orb.).*

Ce collyrites, très-rare dans la Nièvre, puisque je n'en ai rencontré qu'un fragment roulé, devient un peu plus abondant dans l'Yonne. Il est remarquable par sa forme renflée, par ses ambulacres, qui se dirigent vers le sommet apicial antérieur, par son sommet excentrique, qui occupe la partie la plus élevée du test. Les dérivées de cette espèce, pour lesquelles, vu leur rareté, il ne m'a pas été possible de formuler une loi modificatrice définie, sont les suivantes.

1ʳᵉ dérivée?

Collyrites censoriensis (Cot.) [Corallien]?

M. Cotteau prétend que cette espèce est très-voisine de la précédente; mais, suivant ce même auteur, elle serait plus renflée, plus arrondie en avant, moins rapidement déclive en arrière. Les ambulacres postérieurs, plus flexueux, se réunissent plus près du periprocte. *Un seul exemplaire.*

Si nous nous reportons à l'étude des échinides fossiles du département de l'Yonne, nous verrons (planche 40) que l'exemplaire unique du *collyrites censoriensis* est considérablement déformé. Jusqu'à ce que des exemplaires nouveaux et bien conservés viennent établir la validité de cette dérivée, je considérerai le collyrites censoriensis comme une dénomination provisoire.

2ᵉ dérivée.

Collyrites Munsteri (Desor).

Espèce renflée aussi haute que longue, sillon antérieur profond. (Craie)?

3ᵉ dérivée.

Collyrites Geymardi (Alb. gras.).

Sillon sous-anal très-accusé ; les ambulacres postérieurs se réunissent près du sommet, la bouche a des tendances à devenir légèrement bilabiée, et la forme générale se rapproche de celle des cardiaster. Pores allongés, obliques.

Étage néocomien. Cette espèce dérivée ne se rencontre pas dans la Nièvre.

Le nombre restreint des individus qui ont été recueillis ne permet pas de formuler une loi modificatrice pour l'espèce primitive, *collyrites Michelini*. L'espèce primitive est fort rare ; le collyrites censoriensis, s'il existe, est encore plus rare ; le collyrites Munsteri a une origine incertaine, et le collyrites Geymardi est loin d'être abondant.

Genre echinocorys.

J'ai peu de chose à dire du genre echinocorys, que l'on rencontre dans le nord du département. Il est facile de voir que toutes les espèces qui ont été créées jusqu'à ce jour sont, de l'aveu même des paléontologistes qui ont créé beaucoup d'espèces, très-semblables entre elles.

A l'instar de M. d'Orbigny, je considère l'*echinocorys gibbus* comme une dérivée géographique de l'*echinocorys vulgaris*. Nous trouvons à Sancerre tous les passages de l'espèce vulgaris à l'espèce gibbus. L'echinocorys tuberculatus, qui ne diffère de l'echinocorys vulgaris que par l'épaisseur du test, doit être considéré aussi comme une modification géographique. Il en est de même de l'echinocorys papillonus (d'Orb.) et de l'echinocorys sulcatus (d'Orb.), sur la validité desquels M. d'Orbigny émet des doutes motivés [1].

Genre holaster.

Il n'existe dans le département de la Nièvre que deux espèces de ce genre : le holaster carinatus (d'Orb.) et le holaster subglobosus (Agas.), qui se rencontrent tous les deux dans l'étage cénomanien de Neuvy et de Tracy. Le genre holaster étant très-nombreux, et presque toutes les espèces étant étrangères au département, nous ne pouvons les étudier ici. Il suffit de dire que le holaster carinatus (d'Orb.) et le holaster subglobosus (Agas.) sont des dérivés du holaster intermedius (Agas.), qui prend naissance dans le néocomien, précisément dans le même étage qui voit disparaître le genre collyrites.

1. *Paléontologie française, terrains crétacés,* tome VI.

Genre hyboclypus.

Nous ne rencontrons dans la Nièvre que le hyboclypus gibberulus (Agas.), espèce dérivée des hyboclypus Marcou de l'oolithe inférieure.

Le genre hyboclypus n'a pas été sujet à beaucoup de transformations; il est né dans l'oolithe inférieure, et disparaît déjà dans les couches inférieures de l'étage callovien.

Le genre Desorella (Cot.) est un dérivé immédiat du genre hyboclypus, qui perd son sillon anal. Aucun individu de ce genre n'a été trouvé dans la Nièvre.

V

Résumé des études sur la famille des collyritidæ (d'Orb.).

Nous venons de suivre la famille des collyritidæ depuis sa naissance (étage bajocien) jusqu'à sa mort (étage sénonien). Nous avons reconnu les lois évidentes auxquelles cette famille est soumise. Nous avons vu en général les ambulacres s'éloigner de plus en plus de l'anus pour se rapprocher du sommet; le rapport de la distance inter-apiciale à la distance ano-apiciale se réduit de plus en plus, et si je classe les rapports que l'on obtient chez les collyrites avec les distances géologiques qui séparent les espèces, je trouve :

DÉSIGNATION DE L'ESPÈCE.	RAPPORT β	DISTANCE RELATIVE.
Collyrites ringens (Desm.) . . .	315	0
Collyrites ovalis (Cot.)	150	60
Collyrites Montapina (Ebr.). . .	4.50	200
Collyrites Nivernensis (Ebr.) . .	2.70	220
Collyrites elliptica (Desm.) . . .	1.20	350
Collyrites Desoriana (Cot.). . . .	1.20	430
Collyrites ovulum (Orb.)	0.70	740
Collyrites hemispherica (Gras.) .	0.30	740

La loi du rapprochement ambulacraire peut s'énoncer ainsi :

1º Dans le genre collyrites, la distance du sommet postérieur à l'anus croît en remontant l'échelle géologique.

Ensuite nous avons vu les ambulacres postérieurs arqués devenir droits, puis les ambulacres droits s'arquer en dedans de la surface bombée ; d'où l'on peut conclure :

2º Dans le genre collyrites, la courbure des ambulacres postérieurs, d'abord convexe en dehors, s'annule, puis devient convexe en dedans.

D'un autre côté nous avons vu l'espèce primitive ringens anguleuse, l'espèce dérivée ovalis s'arrondir, les espèces suivantes devenir cordiformes, d'où :

3º Dans le genre collyrites, les contours, d'abord anguleux, s'arrondissent, puis deviennent cordiformes et se rapprochent de ceux des holaster, hémiaster, etc.

Ces lois ne peuvent résulter que d'une tendance des espèces vers la perfection, loi immense et immuable que nous retrouvons partout; la nature crée, perfectionne, et lorsque les familles ne sont plus susceptibles de se perfectionner, elles disparaissent. L'intelligence limitée de l'homme cherche des

3

bornes dans la nature pour rendre l'étude plus facile; ces bornes reculent devant lui et il se trouve à chaque instant en face de l'infini dans les passages spécifiques; le savant embarrassé cherche des genres nouveaux et des espèces nouvelles, mais, comme dans une série les termes se rapprochent à mesure que leur nombre augmente, les difficultés se font jour en avançant dans la science, et la perfection paraît d'autant plus loin que l'on s'en approche davantage.

La persistance régulière des genres dans les étages géologiques, puis leur extinction subite et surtout définitive, la similitude des espèces voisines sous le rapport du gisement, la marche générale du progrès dans l'organisation, n'est-ce pas là autant de raisons évidentes de cette transformation lente des molécules vitales qui a fait passer, par des créations successives ou par des modifications spécifiques et génériques, le trilobite à l'état de l'homme, transformation majestueuse, signe de l'immortalité de la matière?

Ne cherchons donc pas à classer les êtres dans des cadres factices; ne cherchons pas non plus dans la nature cet ordre mathématique que nous tâchons d'introduire dans nos administrations et auquel nous voudrions tout soumettre. Ne nous y trompons pas, cet ordre factice, sans lequel nos administrations ne peuvent subsister, résulte de notre faiblesse et de nos défauts, que les lois sont obligées de combattre; l'organisation des êtres et leurs transformations incessantes sont une œuvre immédiate de Dieu. Comme abandonnées à elles-mêmes, les créatures suivent, au milieu d'un désordre apparent, preuve de la force infinie des lois naturelles, le chemin fatal et immuable que le créateur leur a tracé.

VI

Classification de la famille des collyritidæ.

J'appelle espèce primordiale, une création nouvelle qui
n'est pas liée avec les individus antérieurs par une loi modificatrice générale ou particulière. L'espèce primordiale se
rattache cependant, comme toutes les grandes divisions, à
la loi supérieure de la perfectibilité des familles, loi que nous
analyserons en dernier lieu, lorsque par la voie synthétique
nous aurons découvert les lois partielles qui régissent une
même famille. J'appelle genre primitif une réunion d'espèces
liées entre elles par une loi modificatrice particulière et dont
l'ensemble ne se trouve pas là avec les êtres antérieurs par
une loi modificatrice générale.

J'appelle espèce primitive, une création nouvelle liée avec
l'espèce primordiale par une loi modificatrice générale, mais
non liée avec les individus antérieurs par une loi modificatrice particulière.

J'appelle espèce dérivée, une modification d'une espèce
primordiale ou d'une espèce primitive, et par conséquent
liée à celle-ci par une loi modificatrice particulière.

J'appelle espèce variété, une modification géographique
d'une espèce primitive ou dérivée.

Un genre primitif se composera d'une espèce primordiale,
de plusieurs espèces dérivées et d'espèces variété.

Un genre se composera d'une espèce primitive, de plusieurs espèces dérivées et d'espèces variété.

Un genre primitif se désignera ainsi. Collyrites.
Un genre..................... Dysaster'.
Une espèce primordiale. Collyrites ringens.
Une espèce primitive... Dysaster moechii' (ringens).

Une espèce dérivée.... Collyrites elliptica'' (ringens).
Une variété......... Collyrites mala''' (elliptica).

On peut donc établir la classification suivante pour la famille des collyritidæ.

Famille des collyritidæ (d'Orb.).

LOI MODIFICATRICE DE LA CENTRALISATION DE L'APPAREIL APICIAL.

Famille des Collyritidæ (d'Orb.).	Loi particulière du rapprochement ambulacraire avec disjonction et appareil allongé.	Collyrites.
Espèces primordiales. — Collyrites ringens.	Loi particulière du rapprochement ambulacraire avec disjonction et appareil compacte.	Dysaster'.
Hyhoclypus Marcou. — (Bajocien).	Loi particulière du rapprochement ambulacraire sans disjonction et appareil allongé.	Hyhoclypus. Desorella'. Echinocorys'. Holaster. Cardiaster'.

CHAPITRE III

DE QUELQUES PROPRIÉTÉS NOUVELLES RENCONTRÉES DANS LA FAMILLE DES COLLYRITIDÆ.

I

Existence d'une plaque complémentaire dans l'appareil apical de certains collyrites.

Nous avons vu que la plupart des échinides ont un appareil apical composé de cinq plaques génitales et de cinq plaques ocellaires; les premières servent d'orifice ou défendent les organes génitaux; les secondes, suivant certains auteurs, sont destinées à soutenir ou à défendre les organes de la vision.

Cependant presque toutes les familles du sous-ordre des échinoïdes irréguliers, et spécialement les espèces appartenant aux familles des collyritidæ (d'Orb.), des spatangidæ (d'Orb.) et des echinobrissidæ (d'Orb.), ont un appareil composé de quatre plaques génitales et de cinq plaques ocellaires.

Dans certaines familles seulement, chez lesquelles l'appareil apical est facile à observer (les echinoconidæ et les echinobrissidæ), on a découvert, à la place de la plaque génitale postérieure, une plaque non perforée à laquelle on a donné le nom de plaque complémentaire.

Cette plaque, qui complète la symétrie du fossile, ne paraît pas avoir d'autre importance et n'a pas été observée jusqu'à ce jour dans la famille des collyritidæ. Dans cette famille, les sutures des plaques sont très-difficiles à observer, et ce n'est qu'en étudiant une multitude d'individus que je suis parvenu à découvrir qu'il existe dans certains collyrites, et probablement dans le genre tout entier des plaques analogues aux plaques complémentaires des echinoconidæ.

Collyrites Nivernensis (Ebr.).

La première espèce sur laquelle j'ai pu observer la plaque complémentaire est le collyrites Nivernensis (Ebr.) (ringens). Cette espèce se rencontre, comme nous l'avons vu, dans les couches les plus inférieures de l'étage callovien.

Échantillon n° 1.

L'appareil apicial antérieur est très-allongé, la plaque ocellaire antérieure est pentagonale; la plaque génitale gauche est antérieurement arrondie, postérieurement elle est triangulaire; elle est plus petite que la plaque madréporiforme, qui est aussi antérieurement arrondie et postérieurement anguleuse.

Les deux plaques ocellaires médianes sont heptagonales, en contact par un côté; postérieurement, on remarque une petite échancrure qui permet l'insertion de la plaque complémentaire pentagonale; enfin, on observe postérieurement les deux plaques génitales pentagonales. Les pores génitaux sont, en général, plus apparents que les pores ocellaires.

Les deux plaques ocellaires postérieures sont situées à l'extrémité des ambulacres postérieurs; elles sont reliées à l'appareil apicial antérieur par une série de petites plaques déjà figurées par M. Desor [1].

L'appareil apicial antérieur est reproduit par la fig. Ire, pl. 1.

---

[1]. *Synopsis des échinides fossiles.*

1. Plaque ocellaire antérieure;
2. Plaque génitale gauche antérieure;
3. Plaque génitale droite madréporiforme;
4-5. Plaques ocellaires médianes;
6. Plaque complémentaire pentagonale;
7-8. Plaques génitales postérieures.

Échantillon n° 2.

Dans cet étantillon l'appareil apicial n'est pas aussi régulier, les sutures postérieures des plaques ocellaires médianes ne sont pas situées sur une même ligne droite; la plaque complémentaire est quadrangulaire et les plaques génitales postérieures ne sont plus symétriques. Celle de droite dépasse l'autre de près de la moitié de la longueur de la plaque.

1. Plaque ocellaire buccale;
2. Plaque génitale gauche;
3. Plaque madréporiforme;
4-5. Plaques ocellaires médianes;
6. Plaque complémentaire quadrangulaire;
7-8. Plaques génitales postérieures.

Échantillon n° 3.

Cet échantillon offre la même disposition que l'échantillon n° 2; il permet, comme les précédents, d'étudier très-clairement la série de plaques qui relie l'anus avec l'appareil apicial. Je possède un individu monstrueux dans lequel cette série de petites plaques traverse l'appareil apicial et vient se relier avec la plaque complémentaire. Cette circonstance indique que cette dernière plaque et les plaques inter-apiciales indiquent un système de liaison zoologique, extérieurement apparent par les plaques et destiné à relier les différentes parties de l'appareil apical qui réellement ne se trouverait plus disjoint.

Il résulte de ces descriptions et de ces figures que, dans le collyrites Nivernensis, les plaques génitales sont fort irrégulières;

Qu'il existe une plaque en général plus petite que les autres, remplissant le même but que la plaque complémentaire des echinobrissidæ. Cette plaque, dont la forme et la grandeur dépendent du mode d'accroissement des plaques ocellaires médianes et des plaques génitales postérieures, est tantôt quadrangulaire, tantôt polygonale;

Que la plaque complémentaire est toujours entourée des plaques ocellaires médianes et des plaques génitales postérieures, et occupe, par conséquent, une position centro-anale.

Collyrites ovalis (Cot.).

J'ai remarqué la présence de la plaque complémentaire chez le collyrites ovalis (Cot.) de l'étage bathonien; l'appareil apical, très-régulier dans l'individu dont je représente la disposition des pièces apiciales, se compose : d'une plaque ocellaire antérieure pentagonale, d'une plaque madréporiforme hexagonale, d'une plaque génitale gauche antérieure, arrondie en avant et triangulaire en arrière : cette plaque se joint à la plaque madréporiforme par un côté; d'une plaque ocellaire médiane gauche septagonale, qui se relie par le petit côté à la plaque génitale antérieure gauche, par un autre côté plus grand à la plaque madréporiforme, par un troisième côté à la plaque ocellaire médiane de droite, par un quatrième petit côté à la plaque complémentaire, enfin par un cinquième côté à la plaque génitale postérieure; d'une plaque ocellaire médiane de droite un peu plus petite que celle de gauche; d'une plaque complémentaire, assez

petite, régulière, quadrangulaire; les diagonales du quadrilatère sont situées : l'une dans l'axe antéro-postérieur,
l'autre dans une direction perpendiculaire à cet axe.

La plaque complémentaire se lie par un côté à la plaque
ocellaire droite, par un autre à la plaque ocellaire gauche,
par un troisième et un quatrième aux plaques génitales postérieures; celles-ci sont aiguës en arrière et arrondies latéralement; elles sont en contact entre elles par un côté, et en
contact avec la plaque complémentaire et les plaques ocellaires par deux côtés.

Les pores génitaux sont plus apparents que les pores ocellaires. (Fig. 3, Pl. Iʳᵉ.)

    1. Plaque ocellaire antérieure,
    2. Plaque génitale gauche,
    3. Plaque madréporiforme,
4.-5. Plaques ocellaires médianes,
    6. Plaque complémentaire quadrangulaire,
7.-8. Plaques génitales postérieures.

Résumé.

Nous voyons que la plaque complémentaire occupe chez le
collyrites ovalis (Cot.) la même situation centro-anale que
nous avons remarquée chez le collyrites Nivernensis. Comme
tous les collyrites, à l'exception du collyrites Michelini
(d'Orb.), sont des dérivés du collyrites ringens (Desm.),
il y a lieu de supposer que toutes les espèces de ce genre
jouissent de la propriété de posséder une plaque complémentaire.

II

Existence d'une plaque complémentaire dans le genre
hyboclypus.

Quelques individus du genre hyboclypus, et en particulier la plupart de ceux qui se rencontrent à la limite de
l'étage bathonien et de l'étage callovien, dans les parties
supérieures des bancs durs paraissent présenter aussi des
traces de plaques complémentaires. Chez ces individus, les
sutures des plaques apiciales sont moins précises que celles
qui s'observent chez les collyrites; aussi serait-il vivement
à désirer que la découverte d'un grand nombre de ces fossiles vînt justifier les remarques que j'ai eu l'occasion de
faire sur une dizaine d'individus qui sont en ma possession.

Je décris ici l'appareil du hyboclypus gibberulus (Agas.),
qui fait le passage entre les collyritidæ (d'Orb.) et les gale-
ridæ (Desor).

La plaque ocellaire antérieure est pentagonale, percée
d'un pore à peine visible; la plaque madréporiforme, arrondie en avant et latéralement, vient se joindre par deux
lignes droites avec la plaque génitale antérieure gauche et
la plaque ocellaire médiane droite.

Les plaques ocellaires médianes sont hexagonales et forment à leurs parties postérieures un triangle dans lequel
vient s'insérer la plaque complémentaire; les plaques génitales postérieures sont aussi hexagonales, et présentent
à leurs parties antérieures un triangle correspondant au
triangle formé par les plaques ocellaires. Ces deux trian-
gles, accolés par leurs bases, forment la plaque complémentaire, qui devient alors quadrangulaire.

Les plaques ocellaires postérieures sont petites, arrondies
en arrière et percées de pores très-petits (fig. 4, pl. Ire).

1. Plaque ocellaire antérieure;
2. Plaque génitale gauche antérieure;
3. Plaque madréporiforme;
4.-5. Plaques ocellaires médianes;
6. Plaque complémentaire;
7.-8. Plaques génitales postérieures;
9.-10. Plaques ocellaires postérieures.

La présence d'une plaque complémentaire centro-anale chez le hyboclypus gibberulus (Agas.), la présence de cette même plaque chez le collyrites Nivernensis (Ebr.) et chez le collyrites analis, paraît indiquer que les oursins à appareil apicial allongé, classés par M. d'Orbigny dans la famille des collyritidæ, jouissent de la propriété de posséder une plaque complémentaire.

III

Difficultés d'observation.

Lorsque l'on étudie les oursins, il ne faut pas espérer pouvoir rencontrer immédiatement des individus assez parfaits pour permettre de faire les observations si délicates que nécessite l'analyse de l'appareil apicial.

Dans la famille des échinodermes, les caractères les plus importants pour le classement sont ceux aussi qui quelquefois rencontrent le plus de chances de détérioration.

Pour donner une idée de ces difficultés et afin de prévenir les personnes qui voudraient se livrer à l'étude plus approfondie des êtres fossiles, je vais donner l'état de l'appareil apicial d'un certain nombre de collyrites analis, déjà soumis à un premier triage, dans lequel les plus maltraités ont été écartés.

Échantillon n° 1. — Une serpule vient cacher l'appareil apicial.

Échantillon n° 2. — Les pores génitaux sont visibles, mais une granulation fine et serrée vient couvrir les sutures des plaques qui ne sont pas apparentes.

Échantillon n° 3. — Un pore génital est visible, une petite colonie de bryozoaires couvre le reste de l'appareil.

Échantillon n° 4. — Deux pores sont visibles; on remarque à côté d'une granulation très-serrée des rudiments de sutures qui ne permettent pas l'observation des plaques.

Échantillon n° 5. — Les pores des plaques génitales postérieures sont visibles, les contours des plaques sont très-apparents, mais la partie antérieure de l'appareil apicial et presque toute la partie médiane se trouvent enlevées.

Échantillon n° 6. — Trois ou quatre serpules couvrent la partie bombée du fossile.

Échantillon n° 7. — Une granulation très-serrée couvre l'appareil apicial.

Échantillon n° 8. —   Dito.

Échantillon n° 9. —   Dito.

Échantillon n° 10. —   Dito.

Échantillon n° 11. —   Dito.

Échantillon n° 12. —   Dito.

Échantillon n° 13. — Les pores sont très-apparents et forment un quadrilatère irrégulier, les sutures s'aperçoivent un peu, mais elles ne sont pas assez apparentes pour permettre une observation positive.

Échantillon n° 14. — Les pores sont assez apparents, on aperçoit les plaques génitales postérieures et l'origine de la plaque complémentaire; un corps étranger couvre la partie antérieure de l'appareil.

Échantillon n° 15. — Une granulation fine et serrée couvre tout l'appareil.

Échantillon n° 16. — Les sutures s'aperçoivent incomplétement par suite de l'usure de la partie bombée du fossile.

Échantillon n° 17. — Des granules nombreux couvrent l'appareil apicial.

Échantillon n° 19. — La plaque complémentaire s'aperçoit fort bien, de même que les plaques antérieures; les plaques postérieures sont enlevées.

Échantillon n° 21. — L'appareil est parfaitement conservé dans cet échantillon. On aperçoit, à la loupe, les sutures de toutes les plaques, il n'existe ni déformation, ni usure; une disposition heureuse de la granulation qui recouvre toujours l'appareil, permet d'étudier facilement le contour des plaques.

CHAPITRE IV

GENRES NOUVEAUX A ÉTABLIR DANS LES ÉCHINODERMES.

I

En suivant la méthode actuelle de classement qui consiste à réunir dans un genre les individus chez lesquels on reconnaît des propriétés communes dans la position et la forme des principaux organes, tels que la bouche, l'anus, l'appareil apicial, les ambulacres, les pores respiratoires et même quelquefois les tubercules, on arrive à étendre, dans des limites que quelques géologues considèrent comme exagérées, le nombre de ces coupes génériques.

Où s'arrêter en effet dans la création des genres? Plus on avance, plus on observe des différences, plus il semble qu'il faut diviser pour établir cette clarté, nécessaire non-seulement à la détermination facile de l'espèce, mais encore indispensable à l'application certaine de la paléontologie à la géologie.

L'étude des oursins que l'on rencontre dans les carrières de la Grenouille nous engage encore à étendre la liste des genres des échinodermes.

A la première vue, on serait tenté de classer ces oursins dans les hyboclypus; mais les hyboclypus ont un appareil apicial allongé, les ambulacres flexueux, tandis que les oursins de la Grenouille, tout en présentant les autres caractères des hyboclypus, ont les ambulacres droits et l'appareil apicial formant un cercle au sommet.

C'est en vain que l'on voudrait placer ces fossiles dans le genre desorella (Cot.), car les desorella ont l'anus non situé dans un sillon, tandis que les espèces de la Grenouille présentent un anus situé dans un sillon aussi profond que celui des hyboclypus.

On ne peut pas les rapprocher du genre nucleopygus, que M. Desor a séparé des desorella; car les oursins des carrières de la Grenouille, tout en possédant un appareil apical compacte, ont, comme nous allons le voir, et contrairement aux nucleopygus, l'anus situé dans un sillon profond.

Enfin on ne peut pas les assimiler aux galeropygus [1]; car, d'après les figures et la description que donne M. Cotteau du galeropygus disculus (Cot.), ce dernier fossile a un péristome subpentagonal sans entailles ni bourrelets, tandis que les oursins de la Grenouille ont des entailles et des bourrelets.

Dans une note lue à la Société géologique de France (mai 1858), j'ai proposé d'appeler *centropygus* la réunion des espèces qui se rencontrent au Guétin, dans l'oolithe inférieure. En effet, en supposant *exactes* les descriptions de MM. Desor et Cotteau, on arriverait à la classification suivante.

Famille des Echinoconidæ (d'Orb.) ou des Galeridæ (Desor). (Pars)	Appareil apical compacte, ambulacres droits, anus situé dans un profond sillon.	Péristome décagonal avec entailles profondes.	Galeropygus (Cot.) [2].
		Péristome pentagonal sans bourrelets ni entailles.	Genre à créer [3].
		Péristome pentagonal avec bourrelets et entailles.	Genre à créer [4].

1. Il existe à propos de ce genre une confusion qui pourrait bien provenir d'une observation incomplète de la bouche; ainsi la diagnose du genre donnée par M. Desor diffère de la description du galeropygus disculus.

M. Desor définit le péristome des galeropygus ainsi : « Péristome central, distinctement décagonal, avec de fortes échancrures aux angles des ambulacres. »

2. Ce genre aurait pour type le galeropygus agariciformis.

3. Ce genre aurait pour type le galeropygus disculus?

4. Ce genre aurait pour type le centropygus Guetinicus (Ebr.)?

Mais en supposant que, par suite du mauvais état de la bouche, M. Desor n'ait pas eu l'occasion d'observer les rudiments dès bourrelets qui sont très-visibles sur les individus bien conservés de la grenouille; que, d'un autre côté, M. Cotteau n'ait pas observé, par suite du mauvais état des échantillons, les bourrelets et même les entailles du péristome, ces trois genres se réuniront en un seul.

Dans tous les cas, l'observation et l'analyse que j'ai eu l'occasion de faire de l'appareil apicial complet des espèces en question dissiperont les doutes émis par M. Desor dans les lignes suivantes :

« Les planches de notre ouvrage étaient déjà tirées lorsque M. Cotteau a proposé de faire, d'une espèce décrite il y a quelques années par M. Forbes et rangée par lui dans le genre *hyboclypus*, le type d'un genre nouveau. C'est ce qui explique pourquoi nous n'en avons pas donné de figure. Nous n'en admettons pas moins ce nouveau genre comme très-fondé, car il ressemble au premier abord aux *hyboclypus*; il en diffère d'un autre côté par son péristome, qui rappelle tout à fait celui des *pygaster* et aussi, selon toute apparence, par son appareil apicial. Ce dernier n'a pas encore pu être observé d'une manière directe, attendu qu'il paraît se détacher facilement, comme cela arrive souvent chez les cidarides.

« Mais il est évident, d'après l'empreinte qu'il laisse ordinairement, qu'il ne pouvait être allongé comme chez les hyboclypus, mais devait être ramassé, comme chez les pygaster. C'est du moins ce qui résulte des excellentes figures données par M. Forbes. »

L'appareil apicial des oursins de la Grenouille, qui viennent se ranger soit dans le genre galeropygus, soit dans le genre centropygus, présente au centre deux petites plaques complémentaires assez régulières. La première, antérieure, est plus grande que la postérieure; toutes deux sont pentagonales et se touchent par un côté du pentagone.

Autour de ces deux plaques viennent se grouper antérieurement les quatre plaques génitales percées chacune du
pore génital; elles sont toutes pentagonales, la plaque madréporiforme occupe toujours la droite et ne paraît pas être
beaucoup plus grande que les autres.

Postérieurement se remarquent deux énormes plaques ocellaires qui descendent jusque dans le sillon de l'anus. Les trois
autres plaques ocellaires, très-petites, viennent se poser dans
les angles formés par les plaques génitales; elles sont qua-
drangulaires et quelquefois pentagonales.

L'ensemble de l'appareil est très-régulier.

Fig. V. Pl. 1re.
— 1, 2, 3, 4, plaques génitales,
— 5, 6, plaques complémentaires,
— 7, 8, 9, 10, 11, plaques ocellaires.

Le genre centropygus, ou en supposant les descriptions
de MM. Desor, Forbes et Cotteau incomplètes, le genre galeropygus peut donc se définir de la manière suivante :

Oursins déprimés, subcirculaires, à ambitus légèrement
anguleux, bords postérieurs tronqués, péristome central,
pentagonal, bourrelets buccaux inter-ambulacraires, entailles
aux angles du péristome correspondant aux ambulacres. Pé-
riprocte supère, logé dans un profond sillon de l'aire ambulacraire impaire. Ambulacres postérieurs flexueux, ambulacres antérieurs droits, pores simples.

Tubercules très-petits, serrés, non disposés en séries.

Appareil apicial compacte composé, au centre, de deux
plaques complémentaires entourées antérieurement des
quatre plaques génitales, postérieurement de deux grandes
plaques ocellaires.

Les trois autres plaques ocellaires, très-petites et angu-
leuses, occupent les angles formés par les plaques génitales.

11

Les oursins réguliers à tubercules uniformes, ni perforés, ni crénelés, à pores disposés par simples paires, ont été l'objet de la création des genres suivants :

Glypticus (Agas.). Les aires inter-ambulacraires sont garnies de verrues irrégulières.

Coelopleurus (Agas.). Les rangées principales de tubercules inter-ambulacraires disparaissent avant d'atteindre la face supérieure.

Clyphocyphus (Haime). Zonesporifères droites, tubercules peu distincts, granulation miliaire très-serrée; les plaques coronales sont séparées par de petits sillons qui donnent au test une apparence sculptée.

Temnechinus (Forbes). Impressions sur les sutures des plaques, tubercules formant deux rangées principales dans chaque aire, pores formant une série plus ou moins ondulée.

Opechinus (Desor). Fossiles aux angles internes et externes des plaques et tout le long des sutures.

Echinocidaris (Desm.). Oursins de grande et de moyenne taille, aires ambulacraires droites, deux rangées de tubercules dans les aires ambulacraires, et de quatre à douze dans les aires inter-ambulacraires; les rangées externes atteignent seules le sommet.

Cottaldia (Desor). Tubercules nombreux et uniformes formant dans les aires inter-ambulacraires des séries horizontales. Péristome petit, concave.

Magnosia (Mich.). Tubercules disposés à la fois par séries verticales et par séries horizontales, péristome grand, pores se multipliant autour du péristome.

J'ai trouvé aux environs de Nevers, principalement dans

les déblais qui avoisinent le parc, de petits oursins que je n'ai pas pu faire rentrer dans les genres précédents et qui, par conséquent, doivent former un genre nouveau.

Comme on le verra, ce genre s'appuie sur des caractères différentiels qui ont plus de valeur que ceux qui séparent les cottaldia des magnosia, par exemple, puisque ces deux genres se distinguent entre eux par la grandeur du péristome (Desor, *Synopsis des échinides fossiles*, page 115). Le genre nouveau, genre tuberculina (Ebr.) est donc très-valide au point de vue de la méthode actuelle de classement; nous verrons plus tard, lorsque nous nous occuperons de la modification des espèces qui forment les échinides réguliers, si ces coupes sont réellement rationnelles.

Le genre tuberculina peut se définir de la manière suivante :

Oursins de petite taille, de forme renflée, sensiblement pentagonale. Bouche centrale, petite, concave, opposée à l'anus; appareil apical étroit, annulaire, pores disposés par simples paires, tubercules très-nombreux, imperforés et non crénelés, quatre rangées de tubercules dans les aires ambulacraires, et jusqu'à quarante rangées dans les aires inter-ambulacraires; les tubercules sont disposés en séries verticales et en séries horizontales formant des quinconces très-réguliers, aires ambulacraires très-étroites se rétrécissant vers l'ambitus.

Sur le milieu des aires ambulacraires il existe une dépression très-sensible, en forme de rainure, allant de la bouche à l'anus. Les aires ambulacraires sont renflées à la face inférieure.

Si maintenant je compare ces caractères avec ceux des genres énumérés ci-dessus, je vois que le genre tuberculina (Ebr.) diffère des :

Glypticus (Agas.), par les aires ambulacraires non garnies de verrues irrégulières;

Coelopleurus (Agas.), par les rangées de tubercules qui ne disparaissent pas avant d'atteindre la face supérieure;

Clyphocyphus (Haime), par des tubercules très-distincts, par le test qui n'a pas une apparence sculptée;

Temnechinus (Forbes), par des pores ne formant pas des séries ondulées et par le manque d'impression sur les sutures;

Opechinus (Desor), par l'absence de fossettes;

Echinocidaris, par les rangées de tubercules qui atteignent toutes le sommet;

Cottaldia (Desor), par la disposition des tubercules qui forment des séries horizontales et des séries verticales, par la dépression inter-ambulacraire;

Magnosia, par une bouche petite, par le nombre et la disposition des tubercules, par la rainure inter-ambulacraire.

Nous décrirons et figurerons plus loin les espèces qui rentrent dans le genre tuberculina (Ebr.).

CHAPITRE V

REMARQUES SUR L'APPAREIL APICIAL DE QUELQUES ÉCHINODERMES
ET SUR LEUR CLASSIFICATION.

J'ai montré, chapitre III, que l'ensemble des pièces dont se compose l'appareil apicial des collyrites, hyboclypus, galeropigus, est, en général, plus compliqué que ne l'indiquent les descriptions données par les auteurs. J'ai montré spécialement que dans certaines familles il existe au centre de l'appareil une série de plaques complémentaires qui quelquefois se relient, comme chez les collyrites, à d'autres plaques que j'ai nommées interapiciales et qui joignent le sommet ambulacraire antérieur au sommet ambulacraire postérieur[1].

Lorsque le sommet ambulacraire postérieur n'est pas immédiatement au-dessus de l'anus, ces plaques se prolongent du sommet postérieur jusqu'à cette dernière ouverture; ce sont alors les plaques apico-anales qui dépendent elles-mêmes de l'appareil génital, comme l'a d'ailleurs fort bien figuré M. Desor dans son Synopsis, planche XXXVI.

Je démontrerai dans ce chapitre que des observations ana-

1. *Bulletin de la Société géologique*, sur le genre galeropygus et sur les plaques des collyrites, t. XVI, p. 719.

logues peuvent se faire sur les échinodermes, dont se compose la famille des échinobrissidées (d'Orb.), qui correspond à la famille des cassidulides de M. Desor.

Pour faire mieux saisir les différences qui existent entre les appareils décrits jusqu'à ce jour et ceux que je vais faire connaître, je reproduirai d'abord les appareils qui ont été figurés.

La planche III (fig. 1re) donne la disposition de l'appareil du trematopygus Olfersii (*Paleo. franç., Fer. cret.*, t. VI. pl. DCCCCLII).

Le trematopygus analis (d'Orb.) figuré planche DCCCCLII, tome VI, offre un appareil en tout semblable à celui du trematopygus Olfersii.

J'ai cherché en vain la description détaillée d'un appareil de nucleolites dans Cotteau (*Études des Échinides du département de l'Yonne*) et dans Desor (*Synopsis*).

L'observation fausse et incomplète de l'appareil des nucleolites a porté d'Orbigny à assimiler entièrement, en ce qui regarde l'appareil apical, les nucleolites aux genres portant des appareils compactes, c'est-à-dire qui montrent une plaque madréporiforme considérable occupant tout le centre de l'appareil, comme l'indique la figure, planche III, figure 2, qui donne l'appareil du pygurus Blumenbachii. (Echinides de l'Yonne.)

Si la composition de cet appareil convient bien aux échinodermes, analogues aux pygurus, elle ne peut être admissible pour les nucleolites, dans lesquels, comme nous allons le voir, le centre de l'appareil est occupé par une plaque ou une série de plaques complémentaires, qui se lient d'une manière non interrompue à un système de plaques apico-anales très-remarquable et jusqu'ici inobservé.

La figure 3, planche III, donne l'appareil apical d'un grand nucleolites qui se rapproche beaucoup du nucleolites clunicularis, et qui a été recueilli dans les argiles à Am. macrocephalus des environs de Nevers.

1-2-3-4-5.   Plaques ocellaires ;
6-7-8-9.   Plaques génitales ;
10-11-12, etc. Plaques complémentaires et apico-anales ;
A.   Anus.

Je vais examiner dans quelles limites cette disposition peut
varier pour le même genre.

La figure 4, planche III, donne la disposition de l'appareil oviducal du nucleolites clunicularis de la grande oolithe.

1-2-3-4-5.   Plaques ocellaires ;
6-7-8-9.   Plaques génitales ;
10-11, etc.   Plaques complémentaires.

On voit que, dans cet individu, les plaques ocellaires postérieures sont, en apparence, absorbées par deux grandes
plaques faisant partie de l'appareil et qui se prolongent jusqu'à l'anus.

La figure 5, planche III, donne l'appareil d'un individu de
la même espèce, provenant de la même localité, mais dans
lequel les plaques ocellaires postérieures paraissent absorbées
par deux énormes plaques juxtaposées.

1-2-3-4-5. Plaques ocellaires ;
6-7-8-9.   Plaques génitales ;
10.   Plaque complémentaire.

La figure 6, planche III, donne l'appareil apicial d'un nucleolites indéterminé de l'étage callovien.

1-2-3-4-5. Plaques ocellaires ;
6-7-8-9.   Plaques génitales ;
10-11.   Plaques complémentaires.

Enfin la figure 7, planche III, donne l'appareil d'une nouvelle espèce de nucleolites[1] de l'étage bajocien (calcaire à antroques).

1-2-3-4-5.   Plaques ocellaires ;
6-7-8-9.   Plaques génitales ;
10-11.   Plaques complémentaires.

Cette étude nous indique que les nucleolites diffèrent essentiellement des pygurus par la composition de l'appareil oviducal, que les galeropygus se rapprochent des nucleolites, et qu'ils n'en diffèrent guère que par les ambulacres non pétaloïdes.

Nous avons vu en effet[2] que le péristome des galeropygus est entouré de bourrelets qui placent ce genre, sous ce point de vue, entre les nucleolites et les clypeus.

La planche III, figure 8, donne le détail d'un singulier échinoderme provenant des carrières de la Grenouille, et qui possède tous les caractères extérieurs des hyboclypus ; mais l'appareil, comme on le voit, est beaucoup plus allongé que dans ce dernier genre, et, en outre, les deux plaques ocellaires postérieures sont très-éloignées des plaques génitales postérieures ; elles sont séparées de ces dernières par deux autres plaques que l'on peut considérer comme interapiciales ; la partie antérieure de l'appareil est compacte, car les deux plaques ocellaires médianes ne se touchent pas comme chez les collyrites, hyboclypus, etc.

On voit donc que ces individus, dont nous décrivons l'appareil, sont aux hyboclypus ce que les dysaster sont aux collyrites ; nous donnons à cette coupe nouvelle le nom de Orbigniana.

---

1. Il existe des différences assez marquées entre ce nucleolites et le nucleolites clunicularis ; cependant l'espèce en question est peut-être considérée comme l'espèce primitive de ce nucleolites, qui prendrait alors naissance dans le calcaire à antroques pour ne disparaître que dans les couches à Am. cordatus.

2. *Bulletin de la Société géologique*, t. XVI, p. 760.

II

Les échinodermes ont été classés suivant deux méthodes principales[1], la première, celle d'Orbigny, a pour base la nature de l'appareil apicial ; la seconde, celle de M. Desor, a pour base la nature du péristome (bouche), qui est armé ou non de mâchoires.

J'examinerai ici la valeur de ces deux classifications.

Une bonne classification doit répondre à deux conditions essentielles :

1° Elle doit être naturelle, c'est-à-dire s'appuyer sur les différences qui s'observent dans les organes de première importance pour établir les coupes de premier ordre sur les différences qui s'observent dans les organes de deuxième importance pour établir les coupes de deuxième ordre, et ainsi de suite ;

2° Elle doit être commode et pratique, c'est-à-dire qu'il faut que ces organes soient connus et qu'ils offrent des caractères non équivoques.

1° De l'organe capital chez les échinodermes.

Pour reconnaître l'importance d'un organe dans la série animale, il ne suffit pas de considérer l'individu en particulier et de peser l'importance de la fonction qui doit servir de base à la méthode ; dans certains cas, et c'est le cas qui nous occupe, l'importance de l'organe me paraît facile à reconnaître ; mais quelquefois cette importance est discutable, et alors il faut la rechercher dans la loi de variation de la su-

---

1. Je ne parle pas ici des deux ordres des réguliers et des irréguliers sur la valeur desquels tous les naturalistes sont d'accord.

bordination des caractères des organes. Quand on est dans le vrai, ces deux genres de recherches doivent se contrôler et se vérifier.

De l'étude de l'organe capital des échinodermes, basée sur la variation de la subordination des caractères des organes.

La loi suivant laquelle se modifient les organes des êtres vivants peut se résumer en ceci : diminution du rapport qui existe entre la perfection des organes de la préhension et de la locomotion (bouche, pieds, etc.), et celle des organes de la reproduction. En effet, en partant de l'homme pour se rapprocher des êtres inférieurs, nous voyons peu à peu la mobilité diminuer, les fonctions préhensives s'isolent et se localisent ; bientôt, comme chez la plupart des mollusques, la nutrition se fait sur place, la bouche n'est plus armée de dents ; puis nous arrivons aux crinoïdes qui, déjà semblables aux plantes sous ce rapport, sont condamnés à attendre les particules nutritives que les courants déplacent ; enfin nous arrivons aux amorphozoaires, qui donnent la main au règne végétal et chez lesquels la nutrition paraît avoir pour base unique les forces capillaires et des organes presque imperceptibles (cils vibratiles).

Si, au sommet de la série, les dents doivent former l'organe capital, cet élément doit s'amoindrir en descendant l'échelle animale et être remplacé par cette constante qui se rencontre jusque dans le règne végétal, et qui est représentée par la perfection des organes de la reproduction.

Donc, dans les échinodermes qui précèdent les zoophytes et les amorphozoaires, l'organe capital est l'organe de la reproduction.

De la recherche de l'organe capital, basée sur la valeur
locale des organes.

Les échinides offrent à l'extérieur les pièces ou organes
principaux suivants :

> L'appareil apicial.
> L'appareil branchial.
> La bouche.
> L'anus.

Je pense qu'il est inutile de déterminer la fonction qui sert
de base à ces trois derniers organes ; nous savons que cette
fonction est unique, tandis qu'il est reconnu que l'appareil
apicial sert de base aux fonctions de la reproduction, aux
fonctions ocellaires ; de plus, cet appareil est le centre d'ir-
radiation des ambulacres et des plaques coronales ; c'est autour de lui que tout s'accroît avec cette symétrie qui caractérise le radiaire.

Nous voyons donc que l'appareil apicial qui sert de base
à trois fonctions est l'appareil capital des échinodermes.

2° De l'importance pratique d'une classification, basée sur
l'appareil apicial.

Pour étayer sa classification sur la présence ou l'absence
de mâchoires chez les oursins, M. Desor fait connaître qu'à
force de recherches persévérantes M. Michelin a enfin trouvé
un[1] exemplaire de pygaster avec des *traces* de mâchoires.

N'est-il pas étonnant de voir une classification étayée sur
des pièces aussi difficiles à observer, aussi peu connues,
dont l'existence ou l'absence ne peut être établie souvent que

---

1. Desor., *Synopsis des Échinides fossiles.*

par *analogie* ou *induction*, tandis que l'appareil apicial dans tous les genres et même dans toutes les espèces est parfaitement connu ; de sorte qu'une classification basée sur de telles données ne peut être que très-claire et fort pratique ?

Il est vrai qu'après les beaux résultats obtenus par l'étude des dents chez les mammifères, une classification basée sur les mêmes principes peut paraître au premier abord rationnelle [1]; mais il ne faut pas perdre de vue les variations qui s'observent dans la grande loi de la subordination des organes.

Je crois donc avoir démontré que le principe qui a guidé d'Orbigny dans sa classification est en même temps philosophique et pratique. [2]

---

1. Desor., *Synopsis.*

2. Je n'ignore pas que l'on a constaté et que l'on constatera probablement encore des anomalies dans la classification basée sur l'appareil apicial ; mais ces anomalies existent dans toute classification. Ces dernières ne sont, en effet, que le produit de l'homme qui cherche, en créant des cadres qui n'existent point dans la nature, à rendre l'étude plus facile.

CHAPITRE VI

SUR LES PROTOTYPES DE SCAPHITES ET DES HAMITES.

La famille des ammonidées qui se distingue de celle des nautilidées par un siphon dorsal, des cloisons lobées, et par quelques autres caractères moins importants, comprend un certain nombre de genres qui diffèrent entre eux surtout par le mode d'enroulement.

On sait que certains de ces genres, ancyloceras, toxoceras, ammonites se rencontrent à la fois dans les étages jurassiques et dans les terrains crétacés, que d'autres ont pris naissance dans l'étage néocomien pour disparaître à la fin de la craie (scaphites, hamites).

Il est admis que ces derniers genres se sont montrés brusquement et constituent une forme entièrement nouvelle inconnue dans les terrains jurassiques.

Nous verrons dans ce chapitre que les scaphites, les hamites, etc., quoique ayant fait leur première apparition dans les terrains crétacés, ont eu des précurseurs dans les terrains jurassiques, et qu'ils représentent le terme extrême d'une loi générale qui se remarque tout aussi bien dans l'individu que dans la famille.

En effet, lorsque l'on mesure un individu du genre ammonites arrivé à sa dernière période d'accroissement (période de dégénérescence), on remarque que le mode d'enroulement n'est pas constant, les tours de spire s'éloignent de plus en plus de la forme subcirculaire pour se rapprocher de la forme

spiraloïde; en terme zoologique, l'ombilic s'élargit. Cette
tendance qui se manifeste à la fin de la vie de l'individu, se
rencontre aussi au moment où la famille tend à disparaître;
en effet, les ammonidées, dans leur période de diffusion,
prennent les formes les plus bizarres; tantôt les tours se
disjoignent entièrement (ancyloceras), tantôt ils restent contigus, mais la partie antérieure de la coquille se projette
dans une direction insolite (scaphites).

Quoique toutes les espèces de la famille des ammonidées
soient soumises à cette loi, il faut cependant reconnaître que
l'augmentation de l'ombilic à la période de dégénérescence
est surtout sensible chez certaines espèces qui, en inaugu-
rant cette tendance marquée à l'excentricité, nous condui-
sent aux genres extrêmes que nous remarquons dans la craie.
Les espèces qui forment l'origine de cette tendance sont les
Am. dimorphus, microstoma, bullatus, refractus, et si leur
liaison avec les espèces crétacées plus ou moins disjointes n'a
pas été régulièrement remarquée, c'est que l'on a perdu les
traces de ce groupe transitoire dans les étages jurassiques
déjà anciens, puisque l'Am. refractus, formant jusqu'à ce jour
le terme le plus récent, se rencontre dans l'étage callovien.

La découverte que je viens de faire d'un nouveau membre
de ce groupe dans l'étage oxfordien supérieur jette un nouveau jour sur cette tendance modificatrice qui, en prenant
un caractère de plus en plus tranché, nous force, pour établir l'uniformité dans la méthode, à faire un genre nouveau,
car nous savons que tous les genres établis dans la famille
des ammonidées sont basés sur la forme de l'enroulement.

En prévoyant tous les cas qui pourront se présenter et en
s'appuyant sur les données connues jusqu'à ce jour, la division générale des ammonidées peut s'exprimer par le tableau
suivant :

				Sur un même plan.	Ammonites (1).
		Tours contigus.	Enroulement régulier.		
				Sur divers plans.	Turrulites (2).
			Enroulement irrégulier.	Sur un même plan.	Protophites (3).
				Sur divers plans.	Genre inconnu (4).
Famille des mmonidées.		Tours non contigus.	Enroulement régulier.	Sur un même plan.	Crioceras (5).
				Sur divers plans.	Helicoceras (6).
			Enroulement irrégulier.	Sur un même plan.	Scaphites (7). Hamites (8). Ancyloceras (9). Toxoceras (10).
				Sur divers plans.	Genre inconnu (11).
		Sans enroulement.	Baculites.		(12)

A ces différentes formes correspondent des dispositions plus ou moins constantes dans les digitations.

Le genre protophites qui correspond au n° 3 du tableau a pour caractères :

Coquille discoïdale ou globuleuse enroulée irrégulièrement sur le même plan, tours contigus, bouche munie de forts bourrelets. Cloisons lobées, siphon dorsal.

Protophites oxfordianus (Eb.).

Planche IV.

Coquille renflée, irrégulière dans son accroissement ; la partie cloisonnée et la partie postérieure de la chambre se dirigent parallèlement, mais en sens inverse, le point singulier d'inflexion se remarque à l'extrémité des cloisons, la partie antérieure de la chambre se projette dans un sens perpendiculaire aux deux premières directions.

Coquille ornée de côtes espacées, peu saillantes vers la région dorsale. Ombilic allongé, région buccale ornée de forts bourrelets et d'un rostre dorsal, péristome petit, circulaire.

Localité : Oolithe ferrugineuse de l'étage oxfordien supérieur de la Loge et de Barbeloup (Nièvre).

M. Baudoin a décrit, dans le compte-rendu de la séance extraordinaire à Dijon (*Bulletin de la Société géologique de France*, 2ᵉ série, tome VIII), l'Ammonites Christolii. Ce céphalopode se rencontre dans l'étage callovien (groupe kelloway oxfordien); l'excentricité de son ombilic est bien moins marquée que celle du Protophites oxfordianus; ses caractères néanmoins le classent dans le genre Protophites, entre cette dernière espèce et le Protophites refractus.

TABLE DES MATIÈRES

CONTENUES DANS LA PREMIÈRE LIVRAISON

PARIS. — IMPRIMERIE DE J. CLAYE, 7, RUE SAINT-BENOÎT

www.ingramcontent.com/pod-product-compliance
Lightning Source LLC
Chambersburg PA
CBHW070859210326
41521CB00010B/2008